NOTICE

SUR LES

TRAVAUX SCIENTIFIQUES

DE

M. LE Dr J. L. SOUBEIRAN

PROFESSEUR AGRÉGÉ A L'ÉCOLE DE PHARMACIE, ETC.

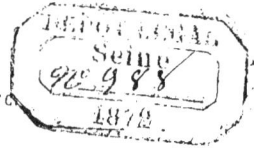

PARIS

IMPRIMERIE DE E. MARTINET

RUE MIGNON, 2

1872

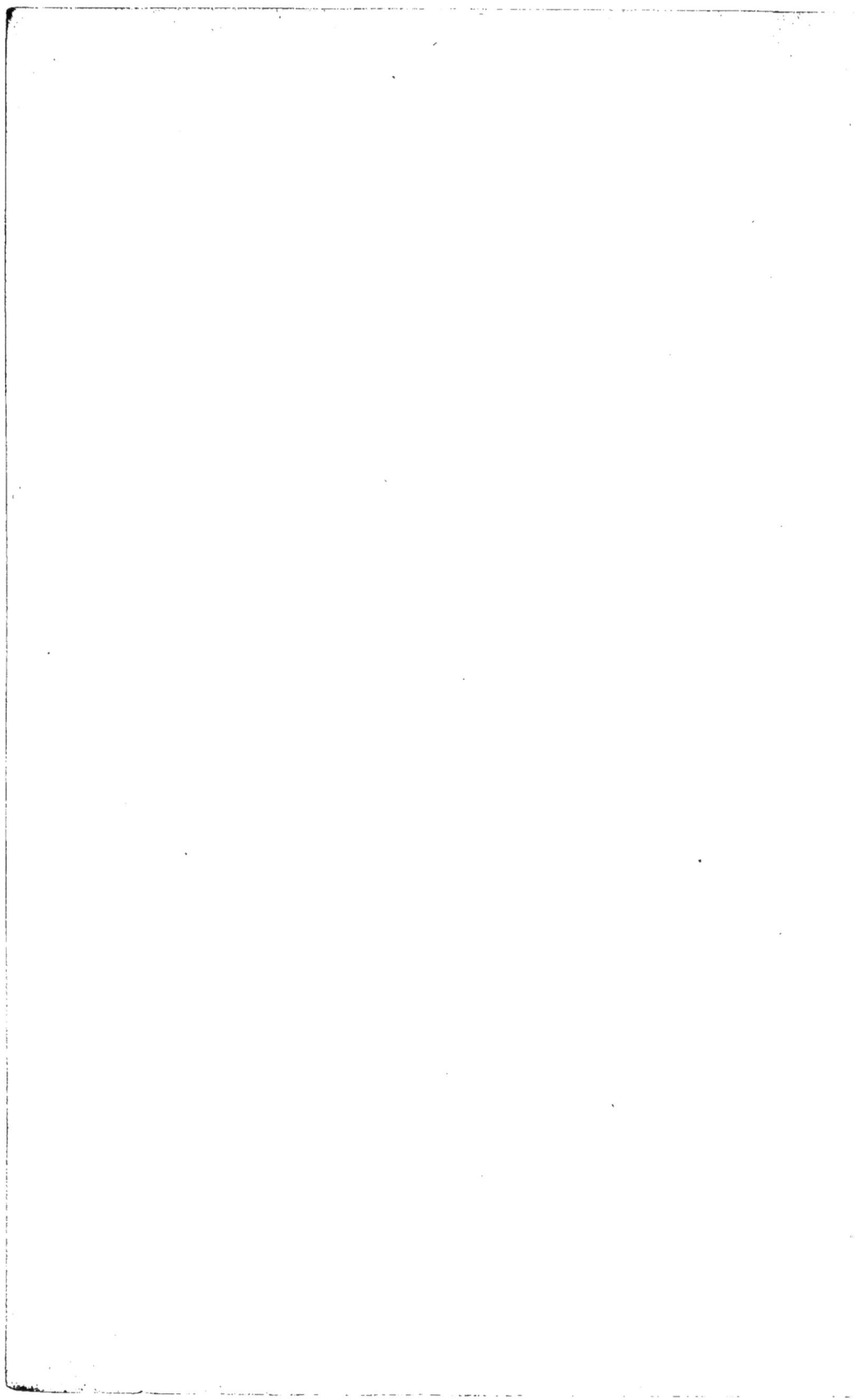

TITRES SCIENTIFIQUES

Professeur agrégé à l'École supérieure de Pharmacie de Paris, 1855.

Docteur en médecine, 1855.

Docteur ès sciences naturelles, 1858.

Chargé, en 1856, du cours de Zoologie, en remplacement de M. le professeur GUILBERT, décédé.

Chargé, en 1864, du cours de Minéralogie.

Chargé, en 1871, du cours de Minéralogie.

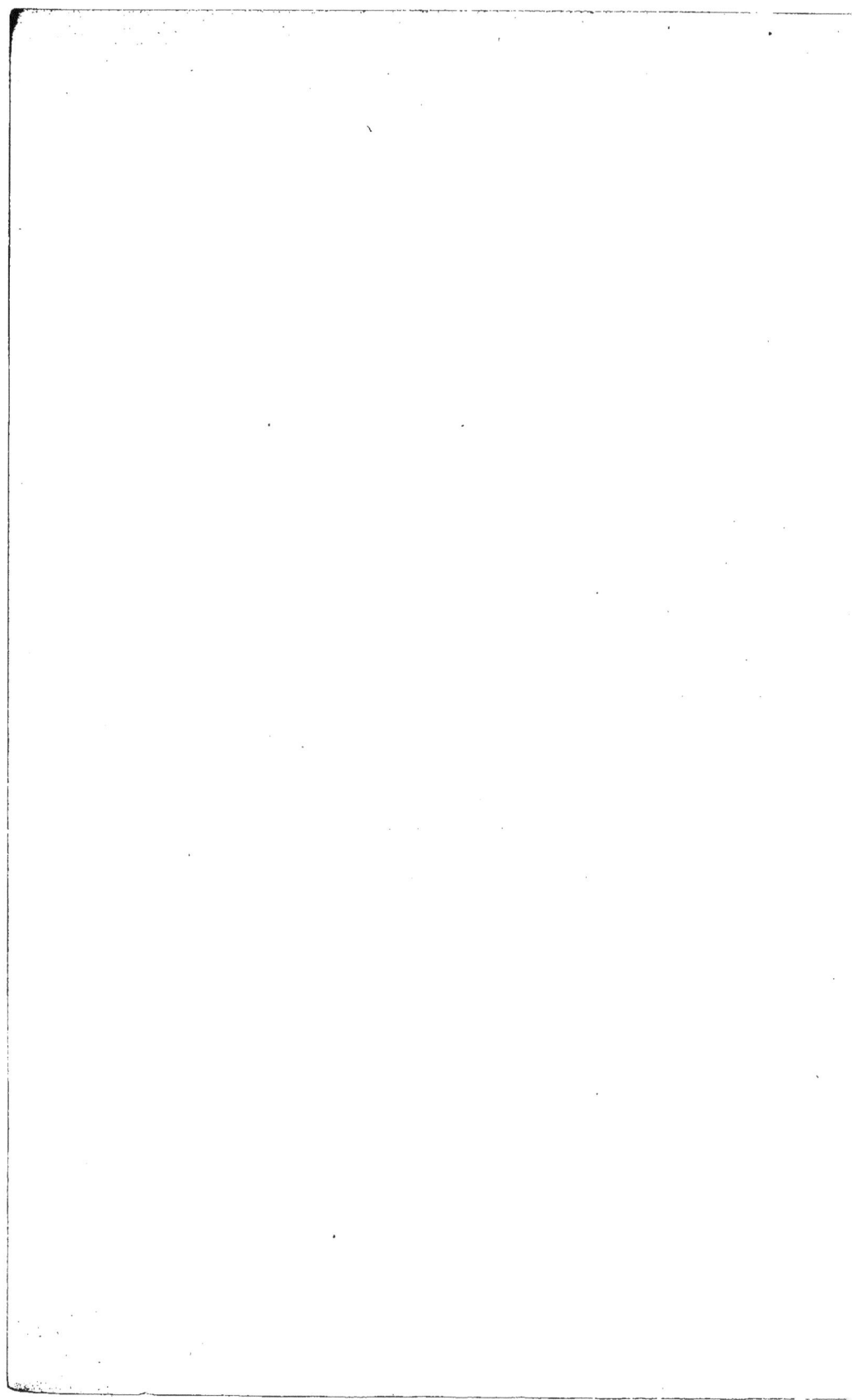

TRAVAUX SCIENTIFIQUES

1. Études micrographiques sur quelques fécules (*Thèse à l'École de Pharmacie*, 1854.— Par extrait, dans le *J. de Pharm. et de Chim.*, 2ᵉ série, 1855, t. XXVII, p. 89, 175).

Ce travail a eu pour but de chercher s'il serait possible de trouver dans les caractères micrographiques des fécules le moyen de pouvoir distinguer plusieurs des substances employées en pharmacie. L'auteur est arrivé à conclure que cela n'était pas possible pour un certain nombre de substances, mais qu'on pouvait cependant, par l'examen microscopique, distinguer entre eux quelques produits. Il a fait une étude spéciale des divers arrow-roots, des fécules des poivres et des amarantacées qui lui ont présenté des apparences particulières.

2. De la vipère, de son venin et de sa morsure (*Thèse de doctorat à la Faculté de médecine*, 1855. — Publiée par extrait dans le *J. de Pharm. et de Chim.*, 2ᵉ série, 1855, t. XXVIII, p. 129, 221).

Dans cette étude monographique sur la vipère, M. L. Soubeiran a réuni tous les documents qu'il a pu réunir sur l'anatomie, la zoologie, la physiologie, la pathologie et la thérapeutique de cet animal. Il a donné en particulier le résultat de ses observations personnelles sur la structure de la glande à venin, et fait connaître un muscle qui avait échappé jusqu'à ce jour aux anatomistes, et dont l'usage permet d'expliquer le jeu des crochets quand l'animal se dispose à mordre.

3. Rapport sur la destruction du Bothrops fer-de-lance à la Martinique (*Bull. de la Société d'acclimat.*, 1861, t. VIII, p. 481).

4. Recherches sur la structure de l'appareil à venin de la Vi-père (*Mémoire présenté à l'Académie des sciences*, 1858).

5. De la structure de la glande à venin dans le genre *Vipera* et dans le genre *Cerastes* (*Ann. de la Soc. linn. de Maine-et-Loire*, 1861, t. IV, p. 99).

M. Soubeiran est parvenu, au moyen de la macération dans l'acide tartrique, qui réduit en matière gélatinoïde les muscles et aponé-vroses, à rendre très-distinct le tissu glanduleux de la glande à venin, dont il a pu ainsi donner, le premier, une description exacte. Il a en outre découvert dans le *réservoir à venin* la présence d'un certain nombre d'*acini* qui viennent y déboucher directement.

Ce travail a été honoré d'un rapport favorable de M. Duméril père, fait à l'Académie des sciences (t. XLVII, 1858, p. 636).

6. Rapport sur les Vipères de France (*Bull. de la Soc. d'ac-clim.*, 1863, t. X, p. 396).

La Société d'acclimatation ayant adressé un Questionnaire à tous ses membres sur la vipère, ses mœurs et les meilleurs moyens de destruction à employer, M. Soubeiran a été chargé de recueillir tous les renseignements parvenus en réponse à ce Questionnaire et en a présenté un résumé très-complet.

7. Un ennemi des Sangsues (*Journ. de Pharm. et de Chim.*, 2ᵉ série, 1850, t. XVIII, p. 355).

Observation faite dans les bassins à sangsues de la Pharmacie centrale des hôpitaux, d'un petit crustacé qui attaque les jeunes sangsues à *filets*. Cet animal, qui est très-commun dans nos eaux, est l'*Oniscus asellus*.

8. Sur une variété pie de Sangsue officinale (*Compt. rend. de la Soc. de biologie*, 1852, t. IV, p. 27).

Les marais à sangsues de Bordeaux renferment des spécimens des diverses espèces et variétés de sangsues, et il a dû se produire des croisements entre ces animaux; c'est un produit singulier offrant à la partie antérieure les caractères de la variété couleur de chair, et à la partie postérieure ceux de la sangsue verte qui est décrite par l'auteur.

9. Marais à Sangsues de Clairefontaine, établissement de M. Borne (*Ann. de la Soc. linn. de Maine-et-Loire*, 1857, t. III, p. 281).

Dans ce travail, M. Léon Soubeiran a cherché à compléter une communication faite par son père, le 13 décembre 1853, à l'Académie de médecine, sur les travaux d'élevage des sangsues de M. Borne.

10. Examen des poils du Desman (*Compt. rend. de la Soc. de biologie*, 1852, t. IV, p. 183).

11. Note sur les poils de la *Talpa europœa* (*Compt. rend. de la Soc. de biologie*, 1853, t. V, p. 102).

Dans ces deux notes, l'auteur démontre que les poils des diverses parties du corps de ces animaux offrent des formes entièrement différentes et donne la description des diverses formes.

10. Et E. Caron. Observation de kystes hydatiques de la plèvre et du foie (*Compt. rend. de la Soc. de biologie*, 1852, t. IV, p. 171).

13. Exemples de fasciations (*Compt. rend. de la Soc. de biologie*, 1852, t. IV, p. 192).

14. Et Laboulbène. Note sur les synanthies d'*Eremostachys laciniata* (*Id.*, 1853, t. V, p. 123).

Description de divers cas tératologiques observés sur le *Cichorium Intybus*, des *Hieracium*, etc.

15. Et L. Neumann. Description de l'aquarium du Muséum d'histoire naturelle (*Ann. de la Soc. linn. de Maine-et-Loire*, 1856, t. II, p. 97, 2 pl.)

16. Et L. Neumann. Note sur quelques cas tératologiques du *Nymphœa stellata* (*Compt. rend. de la Soc. de biologie*, 2ᵉ série, 1854, t. I, p. 173).

A la suite de la description de l'aquarium des serres du Muséum les auteurs ont donné la description de fleurs anomales du *Nymphœa stellata,* remarquables par un prolongement exagéré de l'axe, et ont également indiqué la production de bourgeons adventifs, développés sur le limbe des feuilles, au point d'intersection du pétiole. Ils ont donné la description micrographique des modifications des tissus résultant de cette formation.

17. Et Luton. Description de deux cas de monstruosités comparées, observés l'un sur un jeune Canard, l'autre sur un jeune Poulet (*Ann. de la Soc. linn. de Maine-et-Loire,* 1857, t. III, p. 267).

Ces deux fœtus appartenaient à la famille des *Autositaires,* le Canard étant *monocéphalien* et le Poulet *sycéphalien.*

18. Note sur la matière sucrée de quelques algues (*Journ. de Pharm. et de Chim.,* 3ᵉ série, 1857, t. XXXI, p. 219).

Les *Fucus digitatus* et *lomentarius* et le *Laminaria saccharina* de nos côtes se couvrent, par la dessiccation, d'efflorescences salines mêlées des houppes soyeuses d'une matière sucrée. M. Soubeiran croit que c'est de la mannite, dont il a suivi avec soin la formation, et qu'il a reconnu ne se former que lorsque les algues avaient subi une sorte de fermentation visqueuse. Il a constaté avec M. Phipson, que la matière sucrée des algues n'est jamais un produit des plantes vivantes.

19. Du sucre de Jagre ou de Palmier (*Journ. de Pharm. et de Chim.,* 3ᵉ série, 1857, t. XXXI, p. 14).

Diverses espèces de palmiers fournissent une séve qui est épaissie par les indigènes de la Malaisie, de l'Inde et surtout de Java, pour former le sucre de Jagre dont ces peuples font une énorme consommation. M. Soubeiran a réuni dans cette note tous les renseignements sur la production d'un sucre qui joue un grand rôle dans l'alimentation et qui est retiré des *Cocos nucifera* et *Nipah, Borassus flabelliformis* et *gomutus, Caryotas urens, Sagus Rumphii,* etc.

20. Des plantes à sucre (*Ann. de la Soc. linn. de Maine-et-Loire,* 1862, t. V, p. 53).

Conférence faite à la Société d'acclimatation, sur les divers végétaux qui fournissent du sucre dans les diverses régions du globe, et sur les procédés de culture et d'extraction mis en usage.

21. Sur les Abeilles et sur le miel (*Ann. de la Soc. linn. de Maine-et-Loire*, 1861, t. IV, p. 103).

Conférence faite à la Société d'acclimatation, dans laquelle ont été indiqués de curieux détails sur l'élève des Abeilles et la récolte du miel dans les Pyrénées-Orientales et l'ancien Narbonnais.

22. Note sur le miel des Pyrénées-Orientales (*J. de Pharm. et de Chim.*, 3ᵉ série, 1858, t. XXXII, p. 262).

23. Note sur la sophistication du Safran par les fleurs du *Fuminella* (*Journ. de Pharm. et de Chim.*, 3ᵉ série, 1855, t. XXVII, p. 266).

L'examen de cette sophistication a permis de reconnaître que le *Fuminella* était seulement des fleurs de souci colorées avec du suc de safran.

24. Des applications de la botanique à la pharmacie (*Thèse de concours pour l'agrégation à l'École de Pharmacie,* 1855).

Dans sa thèse pour l'agrégation, M. Soubeiran a fait ressortir : 1° que les connaissances botaniques ont contribué à enrichir la matière médicale de nouveaux médicaments, et qu'elles peuvent servir de guide dans les recherches de cette nature ; 2° que les caractères botaniques éclairent les substitutions à faire d'une plante à une autre et d'un produit fourni par une plante à des produits de plantes différentes ; 3° que les connaissances botaniques peuvent servir à reconnaître diverses falsifications qu'on fait subir aux médicaments ; 4° que les connaissances botaniques guident dans la préparation des médicaments et peuvent servir à éclaircir certaines parties de la pharmacie pratique.

25. Note sur les plantes qui fournissent la gomme adragant (*Compt. rend. de la Soc. de biologie*, 2ᵉ série, 1856, t. III, p. 14).

26. Note sur la récolte de la gomme adragant en Asie-Mineure (*Id.*, 1857, t. IV, p. 11 ; — *Ann. de la Soc. linn. de Maine-et-Loire*, 1857, t. II, p. 270).

La gomme adragant se recueille, dans l'Anti-Taurus, sur diverses espèces d'*Astragalus* de la section du *Tragacanthæ* et voisines de l'*Astragalus creticus* Lmk. C'est au moyen d'incisions profondes faites sur la tige de ces plantes que les Turcs se procurent la gomme adragant. L'examen d'un échantillon, rapporté par M. Balansa, a permis à M. Soubeiran de constater que c'est uniquement dans la moelle et dans les rayons médullaires que l'on trouve la matière qui forme la gomme adragant.

27. Note sur l'*Hyraceum* (*J. de Pharm. et de Chim.*, 2ᵉ série, 1851, t. XXIX, p. 378; — *Compt. rend. de la Soc. de biologie*, 2ᵉ série, 1856, t. III, p. 66).

Cette substance, qui a été introduite dans le commerce européen pour remplacer le *Costoreum*, provient du Daman *Hyrax capensis*, Ehr. L'examen microscopique a démontré à M. Soubeiran que l'on ne pouvait accepter l'opinion émise par Sparrman et le Dʳ Martiny que cette substance soit un produit d'excrétion, mais qu'elle devait être considérée comme étant de l'urine concrétée.

28. Note sur l'Aloès socotrin (*Compt. rend. de la Soc. de biologie*, 1853, t. V, p. 97).

Le suc frais de l'Aloès socotrin se colore en rouge carminé au contact de l'air et donne diverses colorations remarquables avec l'eau et l'alcool, qui ne paraissent pas dues à des phénomènes d'oxygénation. La résine du commerce et le suc des autres espèces d'aloès ne donnent pas ces réactions.

29. Note sur une espèce d'urtication produite par les rameaux de la *Vanilla planifolia* (*Compt. rend. de la Soc. de biologie*, 1853, t. V, p. 54).

Cette urtication est due à la présence de raphides ou longues aiguilles pointues qui remplissent les cellules de la Vanille et agissent comme tout corps étranger introduit dans la peau.

30. Et M. Mussat. Note sur une galle d'*Hieracium umbellatum* (*Compt. rend. de la Soc. de biologie*, 1853, t. V, p. 123).

31. Les mêmes. Note sur une galle d'*Hieracium sylvaticum*
    (*Id.*, p. 124).

Description micrographique du tissu de divers *Hieracium*, porteurs
de galles dues à la piqûre d'insectes du genre *Cynips*.

32. Et M. Mussat. Note sur une galle de *Nasturtium palustre*
    (*Compt. rend. de la Soc. de biologie*, 2ᵉ série, 1854, t. I,
    p. 38 ; — *Ann. de la Soc. linn. de Maine-et-Loire*, 1854,
    t. I, p. 179).

Description des modifications apportées aux organes floraux du
Nasturtium palustre par suite de la piqûre d'un *Cecidomya*, et étude
micrographique de ces organes.

33. Essai sur les ganglions médians ou latéraux supérieurs
    des Mollusques acéphales (*Thèse de doctorat ès sciences*,
    1858).

La présence de cette quatrième paire de ganglions, découverte en
1854 par Moquin-Tandon, les *Unio, Anodonta* et *Dreissena*, a été con-
statée par M. Soubeiran dans les *Solen, Cardium, Lutraria, Mya*, etc.

34. Essai sur la matière organisée des eaux sulfureuses des
    Pyrénées (*Thèse de doctorat ès sciences*, 1858 ; — par
    extrait dans le *Journ. de Pharm. et de Chim.*, 3ᵉ série,
    1858).

L'étude de la *matière organisée des eaux sulfureuses des Pyrénées*,
qui a fait le sujet d'une des thèses de doctorat ès sciences de M. Soubeiran, lui a permis de constater que cette matière, d'abord en dis-
solution, sépare par le refroidissement une matière chaotique, la
glairine, dont le mode d'agglomération peut être varié, et qui plus
tard se transforme, sous l'influence de l'eau et d'une température qui
ne dépasse pas 50 degrés, en filaments réticulés et anastomosés, le
sulfuraire ; puis plus tard l'air exerce son influence, et à mesure que
le principe sulfuré disparaît, de nombreuses algues apparaissent, ainsi
que des animaux microscopiques. M. Soubeiran a décrit tous ces divers êtres, jetant ainsi un jalon pour des études plus complètes qui
permettront d'élucider l'origine véritable de tous ces organismes.

35. Des gommes du Sénégal (*Journ. de Pharm. et de Chim.*, 3ᵉ série, 1856, t. XXX, p. 53).

L'histoire des gommes du Sénégal étant incomplète sur certains points, M. Soubeiran a mis à profit des renseignements particuliers pour faire une nouvelle étude de cette substance et en donner de nouvelles descriptions, en indiquant les véritables origines botaniques des diverses variétés. La gomme blanche est fournie par l'*Acacia Verek.*, la gomme rouge par l'*Acacia Neboued*, la gomme gonakié par l'*Acacia Adansonii*, la gomme friable par l'*Acacia albida*.

36. Note sur la gomme de Sonora, le suc de Varennea et la résine de Punal (*Journ. de Pharm. et de Chim.*, 2ᵉ série, 1855, t. XXVIII, p. 196).

La gomme de Sonora est une laque fournie par un *Coccus* du Mexique et employée dans la thérapeutique indigène ; le suc de Varennea est substitué au kino par les médecins de Mexico ; le punal est également un médicament indigène fourni par l'*Eupatorium Lallavei*.

37. Sur la racine du Ratanhia de Savanilla (*Journ. de Ph. et de Chim.*, 3ᵉ série, 1856, t. XXIX, p. 303).

38. Rapport sur l'examen d'un échantillon de thé du Brésil (*Bull. de la Soc. d'acclim.*, 1861, t. VIII, p. 241).

39. Note sur une Loranthacée toxique (*J. de Pharm. et de Chim.*, 3ⁿ série, 1850, t. XXXVII, p. 112 ; — *Ann. de la Soc. linn. de Maine-et-Loire*, 1861, t. V, p. 9).

Le *Loranthus* dont il s'agit, et que M. Soubeiran avait reçu de M. Lépine, offre cette particularité intéressante qu'il participe aux propriétés toxiques du *Strychnos nux vomica* sur lequel il vit en parasite.

40. Aromates employés pour l'embaumement des souverains au xvᵉ siècle (*J. de Pharm. et de Chim.*, 3ᵉ série, 1867, t. XXXI, p. 216).

41. Observation d'accidents graves déterminés sur la peau par la Rue, *Ruta graveolens* (*Gazette hebd. de méd.*, 1851, t. VIII, p. 720).

42. Et A. Delondre. Culture des Cinchona dans les Indes britanniques (*Bull. de la Soc. d'acclim.*, 2° série, 1867, t. IV, p. 435).

43. Les mêmes. Introduction et acclimatation des Cinchona dans les Indes (*Id.*, 1867, t. IV, p. 517, 596, 652 ; t. V, 1868, p. 52, 121, 237, 314, 381).

44. Les mêmes. De l'acclimatation des Cinchona dans les Indes néerlandaises et britanniques (*La production animale et végétale*, 1867, p. 357).

45. Les mêmes. Note sur la culture des Cinchona dans les Indes britanniques, et sur les échantillons d'écorce de cette provenance qui se trouvaient à l'exposition de 1867 (*Journ. de Pharm. et de Chim.*, 4° série, 1867, t. VI, p. 432).

46. Culture des Cinchona dans les Indes orientales et méthode de moussage (*Journ. de Pharm. et de Chim.*, 4° série, 1868, t. VII, p. 139).

47. Nouveaux renseignements sur l'acclimatation des Cinchona (*Id.*, 1869, t. IX, p. 147).

48. Culture des Cinchona à Sainte-Hélène (*Id.*, 1869, t. X, p. 298).

49. Sur les Cinchona (*Id.*, 1870, t. XI, p. 323).

50. Et A. Delondre. Produits végétaux du Brésil, considérés au point de vue de l'alimentation et de la matière médicale (*La production animale et végétale*, 1867, p. 258).

51. Les mêmes. Produits végétaux du Portugal (*Bull. de la Soc. d'acclim.*, 2° série, 1867, t. XV, p. 690, 723).

Dans ces deux mémoires les auteurs se sont attachés à faire connaître les produits les plus importants de l'empire brésilien et du

Portugal, soit au point de vue de l'acclimatation, soit à celui de la matière médicale, en mettant à profit divers renseignements inédits qui leur ont permis d'élucider plusieurs questions importantes.

52. Rapport sur la culture des cépages de Tokay (*Bull. de la Soc. d'acclim.*, 2ᵉ série, 1868, t. V, p. 447).

Ce rapport contient un historique de l'introduction de ce cépage dans le midi de la France et en Alsace, et une appréciation de la valeur des produits obtenus dans ces pays et en Australie.

53. Rapport sur des grenades provenant des cultures de M. Engaurran, à Toulon (*Bull. de la Soc. d'acclim.*, 2ᵉ série, 1868, t. V, p. 769).

54. Note sur le Chuquiragua (*Journ. de Pharm. et de Chim.*, 4ᵉ série, 1868, t. V, p. 305).

Le *Chuquiragua insignis* est une plante de la famille des Synanthacées, qui est employée avec avantage dans la république de l'Équateur par les médecins du pays.

55. Sur les Bassia de l'Inde (*Journ. de Pharm. et de Chim.*, 4ᵉ série, 1870, t. XI, p. 242).

Énumération des principales espèces de *Bassia* de l'Inde, qui fournissent une matière oléagineuse employée par les indigènes comme aliment, éclairage et médecine, et description du procédé de récolte mis en usage.

56. Détails sur l'acclimatation de la Cochenille (*J. de Pharm. et de Chim.*, 4ᵉ série, 1869, t. IX, p. 53).

Cette note fait connaître les principaux résultats obtenus par l'acclimatation de cet insecte à Java, où sa production est aujourd'hui de plusieurs millions de kilogrammes.

57. La pharmacie de l'Inde (*Journ. de Pharm. et de Chim.*, 4ᵉ série, 1869, t. IX, p. 295).

Essai sur les substances les plus intéressantes indiquées dans la *Pharmacopœa of India*, et qui sont empruntées à la flore indigène.

58. Culture du Safran (*Journ. de Pharm. et de Chim.*, 4ᵉ série, 1869, t. X, p. 297).

La culture du Safran dans le Gâtinais est connue depuis longtemps, mais les détails de cette culture sont restés peu connus jusqu'à ces derniers temps et sont l'objet de cette note.

59. Curiosités de l'alimentation, conférence faite à l'École de Pharmacie le 6 décembre 1870 (*Bull. de la Soc. d'acclimat.*, 2ᵉ série, 1870, t. VII, p. 714 ; — par extrait dans le *Journ. de Pharm. et de Chim.*, 4ᵉ série, 1871).

Pendant le siége de Paris, l'École de Pharmacie a chargé plusieurs de ses professeurs de faire des conférences publiques. Dans une première conférence, M. Soubeiran a traité de l'*utilité du café, du thé et du chocolat dans une ville assiégée*. Dans la seconde, il a tracé un tableau rapide et complet des diverses substances animales employées comme aliments dans les diverses parties du globe, en insistant particulièrement sur les procédés de conservation mis en usage en Amérique et dans les voyages aux régions arctiques.

60. Sur quelques produits de la Nouvelle-Calédonie (*Journ. de Pharm. et de Chim.*, 4ᵉ série, 1870, t. XI, p. 74 ; — *Pharmaceutical Journ.*, 1871, t. I).

Notre colonie française offre un certain nombre de produits intéressants pour l'industrie et la thérapeutique, et M. Soubeiran a donné des détails sur l'huile extraite du *Melaleuca*, qui forme une sorte de cajeput, la résine d'*Araucaria*, de *Gardonia* et sur quelques matières colorantes.

61. La Société de pharmacie de la Grande-Bretagne (*Journ. de Pharm. et de Chim.*, 4ᵉ série, 1870, t. XII, p. 219).

L'auteur a fait connaître à la Société de pharmacie de Paris la constitution de la Société de pharmacie de la Grande-Bretagne et indiqué les conditions exigées aujourd'hui, dans le Royaume-Uni, pour pouvoir exercer la pharmacie.

62. La pharmacie aux États-Unis (*Journ. de Pharm. et de Chim.*, 4ᵉ série, 1871).

L'auteur donne des détails sur l'exercice de la pharmacie dans l'Amérique du Nord et sur les nouveaux colléges de pharmacie, fondés en vue de favoriser l'éducation professionnelle.

63. Mode de préparation du cachou de l'*Acacia catechu* (*J. de Pharm. et de Chim.*, 4ᵉ série, 1870, t. XI, p. 495).

64. Récolte du mastic à Chio (*Journ. de Pharm. et de Chim.*, 4ᵉ série, 1870, t. XII, p. 359 ; — *Pharmac. Journ. and Transat.*, 16 sept. 1871 ; — *American Journ. of Pharm.*, 4ᵉ série, 1871, t. I, p. 520).

Des renseignements nouveaux sur la préparation et la récolte de ces produits de matière médicale ont permis à M. Soubeiran de rectifier certaines erreurs de leur histoire.

65. Géographie de la matière médicale.

Ce travail, destiné à faciliter la connaissance de l'origine des produits de matière médicale, a été présenté à l'Académie de médecine en novembre 1870 et a été l'objet d'un rapport favorable de M. le professeur Chatin, au nom d'une commission chargée de son examen.

66. Premier rapport de la commission chargée de rédiger des instructions pour les Antilles (*Bull. de la Soc. d'acclim.*, 1860, t. VII, p. 49).

67. Note sur la culture du Cotonnier (*Bull. de la Soc. d'acclimat.*, 1863, t. X, p. 24).

Cette note renferme un résumé succinct des meilleures méthodes à conseiller pour propager la culture de ce précieux végétal.

68. Études sur l'incubation artificielle (*Ann. de la Soc. linn. de Maine-et-Loire*, 1862, t. V, p. 31).

Conférence faite à la Société d'acclimatation et dans laquelle ont été décrits et discutés les divers procédés d'incubation artificielle mis en usage depuis les temps anciens jusqu'à nos jours.

69. Et B. Verlot. Rapport sur une excursion au mont Viso, faite du 2 au 9 août 1860 par quelques membres de la Société botanique de France (*Bull. de la Soc. bot. de France*, 1860, t. VII).

70. Une ascension à la Maladetta, le 23 août 1862 (*Ann. de la Soc. linn. de Maine-et-Loire*, 1863, t. VI, p. 1).

Relations de deux excursions botaniques faites à de grandes altitudes, et qui ont permis de vérifier quelques points intéressants sur la botanique.

71. Et A. Delondre. La matière médicale à l'Exposition universelle (*Journ. de Pharm. et de Chim.*, 4e série, t. VII, p. 128, 200, 443; t. VIII, 1868, p. 137, 292, 365; t. IX, p. 274, 450; t. X, 1869, p. 184, 212).

72. Études sur la matière médicale chinoise (*J. de Pharm. et de Chim.*, 4e série, 1866, t. IV, p. 5).

M. Soubeiran a donné la description d'une centaine de substances minérales, qui existent dans la thérapeutique chinoise.

73. Fabrication de l'huile de foie de morue en Norvége (*J. de Pharm. et de Chim.*, 4e série, 1866, t. III, p. 161).

74. Fabrication de l'huile de foie de morue en Danemark (*Id.*, 1866, t. IV, p. 324).

Pendant le cours d'une mission en Norvége, M. Soubeiran a fixé son attention sur les divers modes de fabrication de l'huile de foie de morue et les a décrits dans les notes ci-dessus indiquées. Il a pu faire connaître ainsi que les procédés modernes étaient beaucoup plus perfectionnés que ceux primitivement mis en usage.

75. De la colle de poisson et de sa falsification (*J. de Pharm. et de Chim.*, 4e série, 1866, t. IV, p. 326).

76. Note sur l'Ichthyocolle de Russie (*Idem*, 1869, t. X, p. 43).

77. Ichthyocolle de l'Inde et de Chine (*Idem*, 1870, t. XI, p. 74; — *Year-Book of Pharmacy*, p. 75, London, 1870).

Des renseignements, obtenus des localités mêmes où se récolte la colle de poisson, ont été résumés dans ces mémoires.

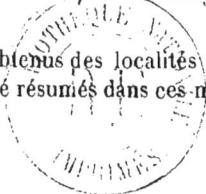

2

78. Les huiles de poisson (*La production animale et végétale,* 1867, p. 165).

79. Horseflesch and the siege of Paris (*Journ. of the Soc. of Arts,* 1871, t. XIX, p. 347 ; — *The applied Sciences,* 1871, t. II, p. 55).

80. Rapport sur les expositions internationales de pêche de Boulogne-sur-mer, Arcachon et le Havre (*Bull. de la Soc. d'acclim.,* 2ᵉ série, 1871, t. VIII, p. 81, 168, 304, 401).

81. La pêche du hareng (*Ann. de la Soc. linn. de Maine-et-Loire,* 1870).

82. Rapport sur l'acclimatation des éponges dans les eaux de la France et de l'Algérie (*Bull. de la Soc. d'acclim.,* 1861, t. VIII, p. 433).

83. Rapport sur l'introduction de la Tortue franche dans la Méditerranée (*Bull. de la Soc. d'acclim.,* 1861, t. VIII, p. 577).

84. Et M. A. Delondre. De la pêcherie d'huile de Tinnevelly (*Bull. de la Société d'acclimat.,* 2ᵉ série, 1867, t. IV, p. 398).

85. Les mêmes. De la nacre et des localités qui nous en approvisionnent (*Id.,* 1867, t. IV, p. 578).

86. Et M. Sauvadon. Des écrevisses et de leur culture (*Bull. de la Soc. d'acclim.,* 2ᵉ série, 1865, t. II, p. 401).

87. Et M. O. Moquin-Tandon. Établissements de pisciculture de Concarneau et Port-de-Bouc (*Bull. de la Soc. d'acclim.,* 2ᵉ série, 1865, t. II, p. 533).

88. La pisciculture en Norvége (*Moniteur universel,* 21 nov. 1865).

Aperçu rapide des progrès de la pisciculture dans la Norvége, où, grâce à son emploi, la richesse des rivières en Saumons a été renouvelée.

89. Dangers de la propagation des Anguilles (*Compt. rend. de l'Académie des sciences*, 1865, t. LXI, p. 424).

90. Rapport sur l'ostréiculture à Arcachon (*Bull. de la Soc. d'acclim.*, 2ᵉ série, 1866, t. III, p. 1).

91. Rapport sur l'ostréiculture à Arcachon, Hayling et Trieste (*Id.*, 2ᵉ série, 1869, t. VI, p. 100).

92. Rapport sur l'ostréiculture à Arcachon et à Hayling en 1869 (*Id.*, 2ᵉ série, 1867, t. VII, p. 211).

93. The oyster beds of Arcachon (*Journ. of the Soc. of Arts*, 1869, t. XVII, p. 483).

94. Rapport sur l'Exposition internationale des produits et engins de pêche (*Bull. de la Soc. d'acclim.*, 2ᵉ série, 1866, t. III, p. 189, 262, 317, 381).

95. Rapport sur l'Exposition des produits de pêche de la Haye en 1867 (*Bull. de la Soc. d'accl.*, 2ᵉ série, 1869, t. VI, p. 449, 497, 561).

96. Rapport sur l'acclimatation du Saumon en Tasmanie (*Bull. de la Soc. d'acclim.*, 2ᵉ série, 1870, t. VII, p. 185 ; — *Tidsschrift für Fiskere*, 1870, p. 100).

97. Pisciculture dans les Neilgherries (*Bull. de la Soc. d'accl.*, 2ᵉ série, 1870, t. VII, p. 352).

98. Pisciculture dans l'Amérique du Nord (*Id.*, 2ᵉ série, 1871, t. VIII, p. 1).

99. Et M. Dabry de Thiersaint. La pisciculture et la pêche fluviale'en Chine. 1 volume in–4° avec 50 planches. (*Sous presse.*)

100. La matière médicale chinoise. 1 volume in-8°. (*En préparation.*)

Cet ouvrage contient la description et la détermination d'une grande collection de matière médicale (environ un millier d'échantillons) que M. Soubeiran a reçue, il y a déjà quelques années, par les soins obligeants de M. Dabry de Thiersant, consul de France en Chine.

Paris. — Imprimerie de E MARTINET. rue Mignon, 2.

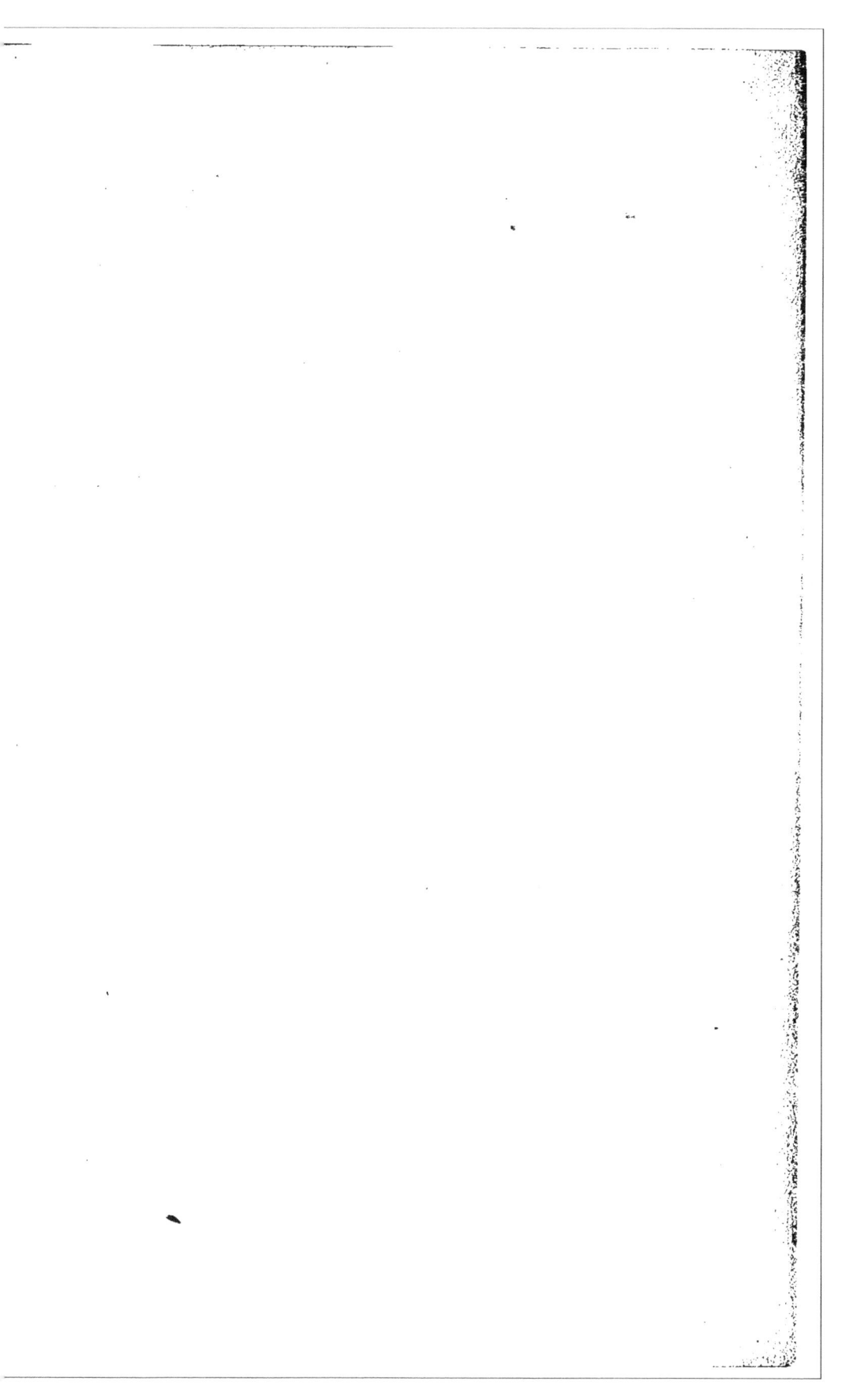

www.ingramcontent.com/pod-product-compliance
Lightning Source LLC
Chambersburg PA
CBHW050435210326
41520CB00019B/5946